U0163313

中道友子魔法裁剪
弹性面料

[日] 中道友子 著

李健 余佳佳 译

　　用弹性面料制作的服装可以随着人的身体变成任意形态。当手臂穿进服装时，面料会随人体调整以凸显人的体态。本书既介绍穿衣方式，也讲述弹性面料制作服装的优点。它是超越我们内心预设的一种具有自由度的服装。

　　像魔术表演似的服装成型过程，如同玩游戏一样趣味盎然。

东华大学出版社·上海

目　录

本书使用方法

本书大部分作品使用同一个原型——其特点详见下面说明——但只要使用合适的弹性面料，通过这些纸样就可以制作出整洁合体的服装。

本书中所有服装设计图的纸样绘制及制作都基于日本女装原型的 M 码（胸围 83 cm，腰围 64 cm，臀围 91 cm，背长 38 cm，袖长 52 cm），服装纸样的立体造型展示使用了 1/2 人台。此人台的尺寸是全码人台的一半，它的表面积为全身人台的 1/4，体积为全身人台的 1/8。

虽然面料的厚度和悬挂方式的变化会使示意服装与实际尺寸服装所呈现的造型效果有所差异，但相对于全身人台，使用 1/2 人台的优势是能够更容易地观察到服装整体的平衡性及所要表现的服装效果。

本书旨在提供一种学习纸样原理的方法，这种方法既节省面料又节省时间。利用 1/2 人台绘制纸样时，记得将所有全码纸样上的数据减半。

本书的目标是用一种通俗易懂的方式解读纸样结构，所以省略了服装实际生产中涉及的诸如放缝线、裁剪标记及面料用量等纸样标记。

在本书最后，附有原型的全码和半码纸样（S 码、M 码和 L 码），可根据自己的需求选择合适的纸样。

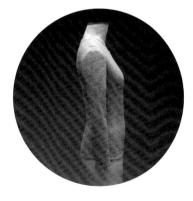

所用原型的特点

弹性面料和非弹性面料所用原型的最大区别在于弹性面料原型是与身体紧密贴合的。弹性面料原型的特征如下：

· 肩很窄，袖子为装袖。
· 袖窿底抬高，袖窿尺寸减小。
· 袖肥小，贴合手臂。
· 袖窿和袖山的尺寸相同。
· 臀围尺寸小于实际测量尺寸，以达到贴身效果。
· 腰围曲线的绘制接近于直线，以贴合人体。
· 领口开得很大，便于穿脱。

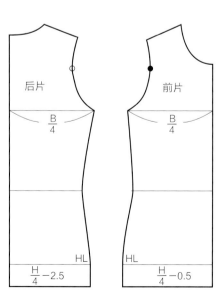

后片

$\frac{B}{4}$

前片

$\frac{B}{4}$

HL

HL

$\frac{H}{4}-2.5$

$\frac{H}{4}-0.5$

袖片

使用的面料

弹性面料包括平纹针织面料、圆机罗纹面料、双罗纹面料和罗纹线圈面料。圆机罗纹面料和罗纹线圈面料在水平方向上有很好的弹性，当面料中含有氨纶时，也能在经向拉伸。我选择了由棉、氨纶及其他成分混纺而成的素色平纹针织布用于原型制作。它具有很好的拉伸性能，但容易卷边。如果介意，可以使用类似圆机罗纹或罗纹线圈组织等兼具美观和弹性的面料来解决这个问题。

图片展示了用常规拉力拉扯原型常用的素色平纹针织布。本书中的很多案例都使用了像这块素色平纹针织布一样易于拉伸的面料，来塑造服装的合体效果。

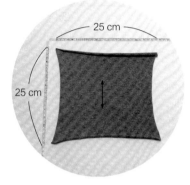  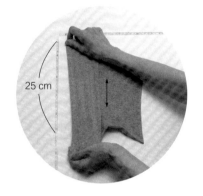

纸样绘制中使用的符号和缩写

纸样绘制中的缩写

AH
袖窿

FAH
前袖窿

BAH
后袖窿

B
胸围

W
腰围

H
臀围

BL
胸围线

WL
腰围线

HL
臀围线

EL
肘位线

CF
前中心线

CB
后中心线

纸样绘制中的符号

基础线	—————————	绘制纸样时的基础引导线，用细实线表示
等分线	‿‿‿	表示一条固定长度的线被等分为几段等长的线，用细虚线表示
轮廓线	━━━━ ╌ ╌	表示纸样的完成轮廓线，用粗实线或粗虚线表示
连裁线	━ ━ ━	表示面料折叠裁剪，用粗虚线表示
直角标记		表示直角，用细实线表示
交叉、重叠		表示左右纸样重叠
丝缕线	←——→	表示面料经纱方向为箭头方向，用粗实线表示
45°斜纱方向	↗↙	表示面料斜纱的方向，用粗实线表示
剪开标记	打开	表示纸样被剪切并打开
拼合、连裁标记		表示裁剪面料时纸样被连续排列

中道友子魔法裁剪

第一部分
有趣的弹性面料

可以自由伸缩的面料本身已充满魔力。

通过面料在横向、纵向及斜向延伸或收缩来与人体贴合，利用

松量的转移创造出好看的垂褶效果。

毫不夸张地说，服装只要能穿上，这件作品就算完成了。

归纳一种专用于弹性面料的灵活纸样，将打开非弹性面料所不

能实现的设计之门。

让我们看看如何将这种自由伸缩的特性转换到纸样上，并应用

到服装中。

双生子 A　详见第 28 页

满月　详见第 32 页

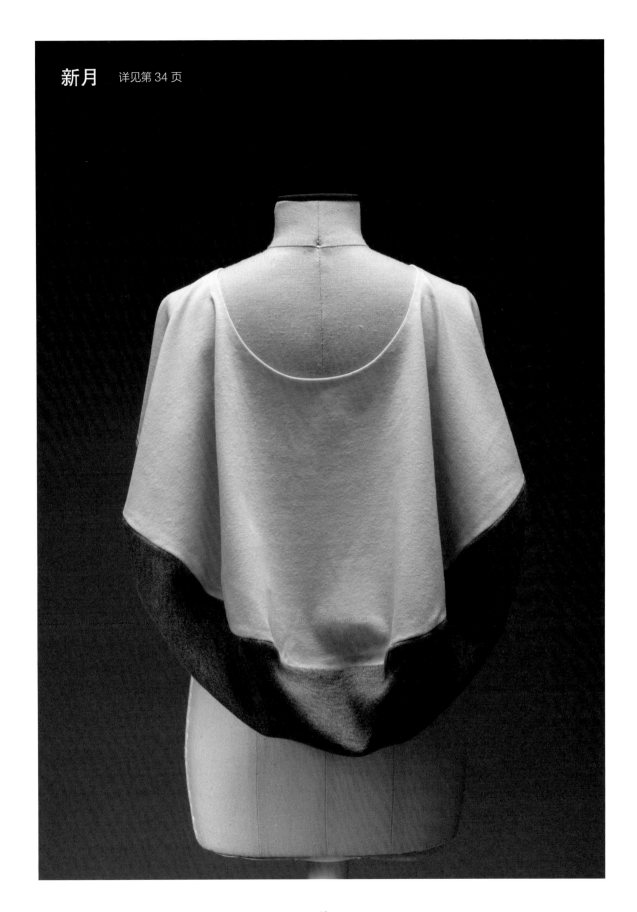

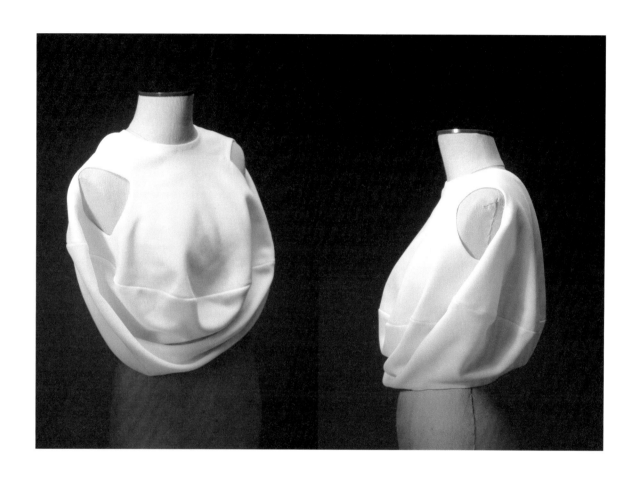

中道友子魔法裁剪 · 弹性面料

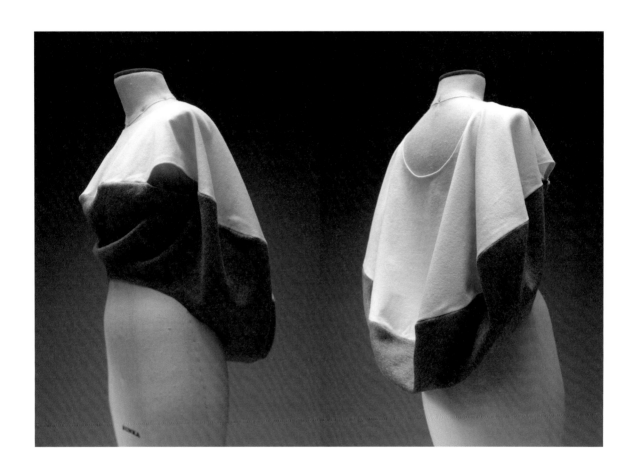

穿衣魔法 详见第 36 页

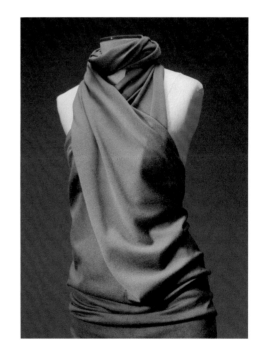

中道友子魔法裁剪·弹性面料

"打地鼠"造型 详见第 38 页

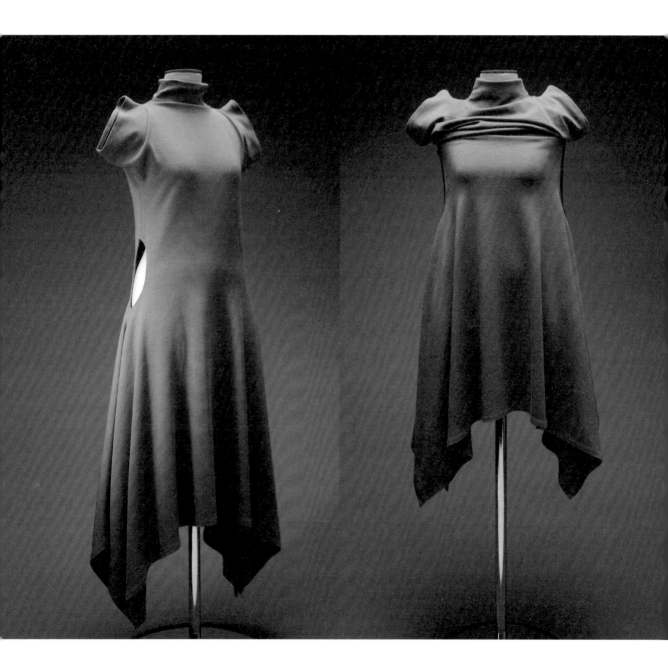

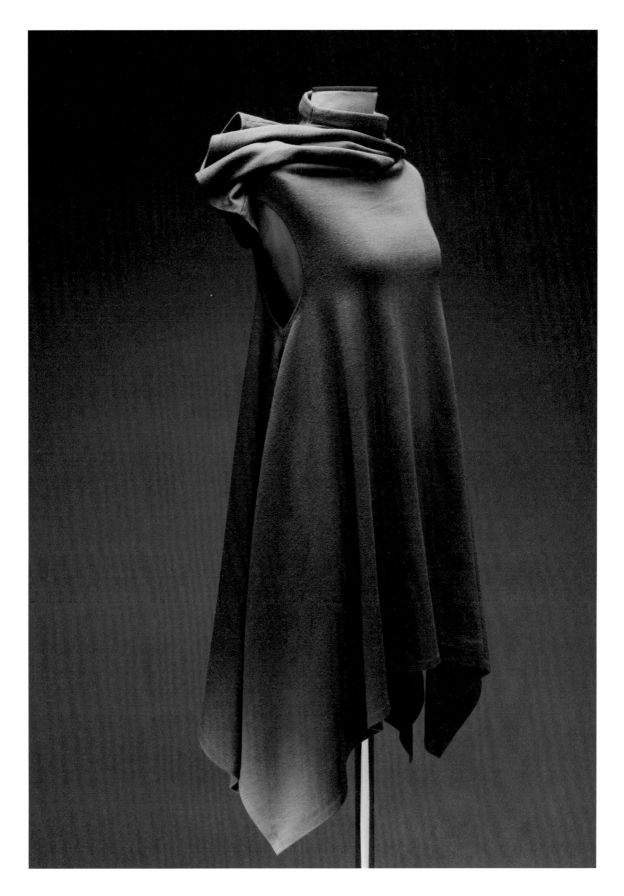

中道友子魔法裁剪・弹性面料

连帽衫　详见第 40 页

神奇纸样　详见第 42 页

中道友子魔法裁剪·弹性面料

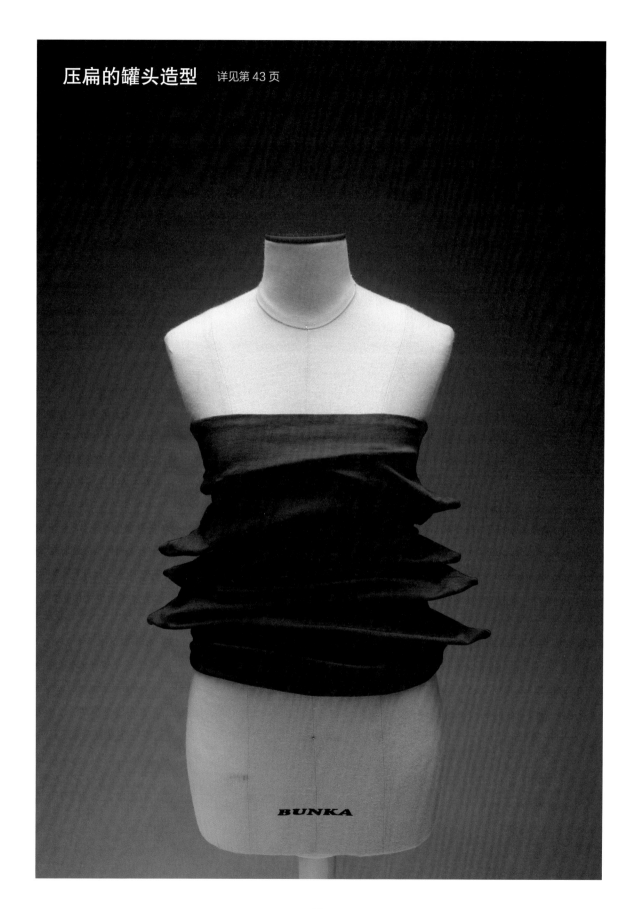

压扁的罐头造型 详见第 43 页

BUNKA

中道友子魔法裁剪

有趣的弹性面料

第 7 页：错穿法

我们都有过"要迟到了"的早晨：慌乱里系错位的扣子，想要从袖子里挣脱出来的脑袋……但是，穿错服装也可以产生一种有趣的造型。在这里，我们将连袖衫改造成更时尚前卫的款式。

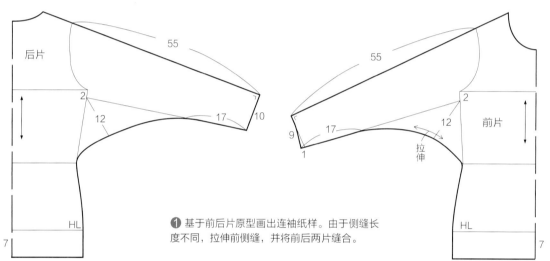

❶ 基于前后片原型画出连袖纸样。由于侧缝长度不同，拉伸前侧缝，并将前后两片缝合。

❷ 将缝制好的连袖衫穿在人台上。

❸ 将右袖套穿在人台头部。领口放在左肩处，形成无袖效果。服装在右侧形成凸翘。

❹ 确认有足够的宽度让头穿过，剪去多余的袖子。袖子即变成高领。

❺ 用珠针固定右侧的凸翘。

重制的纸样

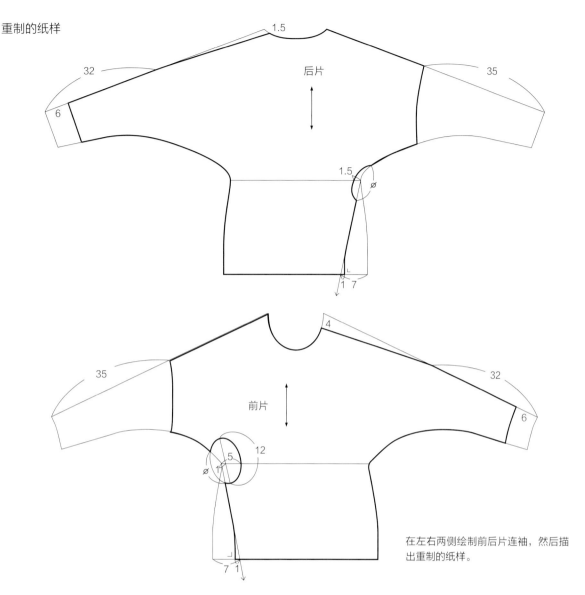

后片

1.5

32

6

35

1.5

ø

1 7

前片

35

4

32

6

12

5

ø

7 1

在左右两侧绘制前后片连袖，然后描出重制的纸样。

❻ 整理服装右侧，在形成袖口的位置贴上标记带。逐渐裁剪成合适的尺寸，切记袖口很容易拉伸。

❼ 左袖太肥，且袖窿太大。用珠针缩减袖子的宽度，让左袖看起来更利落。

❽ 整理左侧袖子，减短袖长。

❾ 缝合完成。

第 8 页：双生子 A

将小码圆领衫和大码圆领衫组合在一起形成标准码圆领衫。
它们像双生子一样一拍即合。

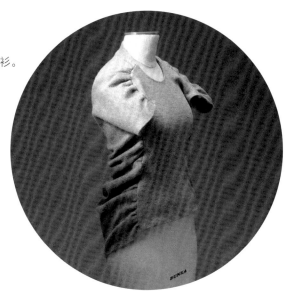

可以用复印机放缩纸样，也可以使用第 98 页的方法。

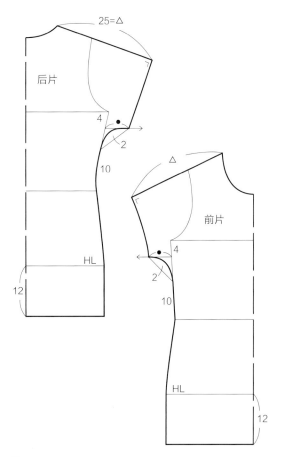

❶ 在前后片原型上，从臀围线开始绘制连袖纸样。

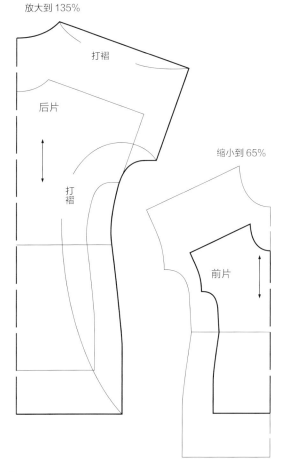

放大到 135%

缩小到 65%

❷ 将衣身后片放大到原来的 135% 并复制纸样。将衣身前片
缩小到原来的 65% 并复制纸样。后片侧缝和肩线打褶并与前
片缝合。

第 10 页：双生子 B

如同拼积木一样，将大小不同的 T 形纸样反方向拼接，可以制作出具有民俗风情的罩衫。

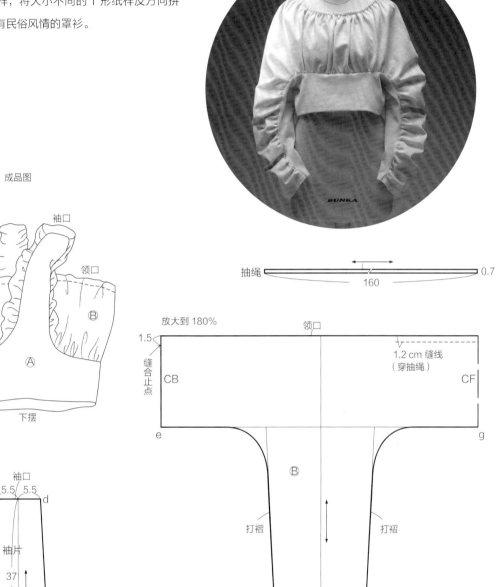

成品图

袖口

领口

Ⓑ

Ⓐ

CB

下摆

抽绳 ⟵ 160 ⟶ 0.7

放大到 180%

领口

1.5

缝合止点

CB

1.2 cm 缝线
（穿抽绳）

CF

e

g

Ⓑ

打褶   打褶

袖片

f   h

袖口

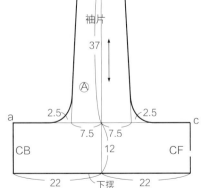

袖口

5.5 5.5

b   d

袖片

37

Ⓐ

a   2.5   2.5   c

7.5 7.5

12

CB   CF

22   下摆   22

❶ 将胸围以下的衣身和袖底连接，绘制出倒 T 形纸样，标记为Ⓐ。

❷ 将Ⓐ放大到原来的 180% 并旋转 180°，得到胸围以上的衣身和外袖连接后的纸样，标记为Ⓑ。将 a—b 和 e—f、c—d 和 g—h 对应缝合。在领口上穿抽绳并调节松紧。

第 12 页：满月

　　从地球上的任何地方看，月亮都是相同的模样：上面好似有一只兔子，或是女子的侧脸……

　　由两个圆缝合在一起形成的满月形衣片，可以通过改变领口和袖窿的位置来塑造不同的服装造型。

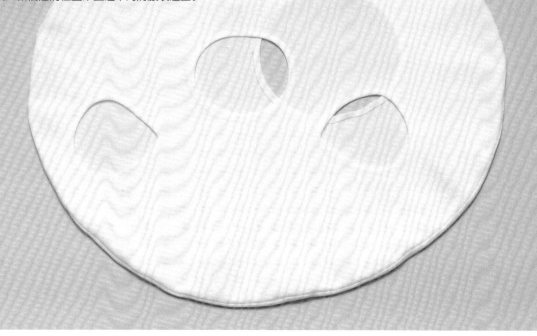

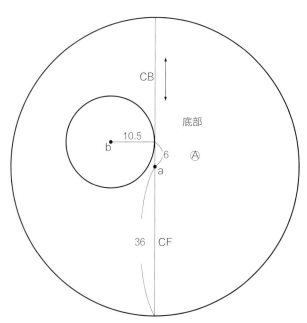

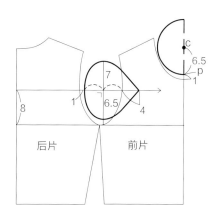

❶ 画一个以 a 为圆心、36 cm 为半径的圆。在圆内部画一个以 b 为圆心、10.5 cm 为半径的圆作为腰围。由于服装长度及腰，所以需要提前确认胸围尺寸是否合适。将此纸样标记为圆Ⓐ，作为服装的底部。

❷ 绘制袖窿和领口部分纸样。从腰围向上对齐前后片原型的袖窿底点，绘制袖窿。以 c 为圆心、6.5 cm 为半径在前中线上绘制领口线。

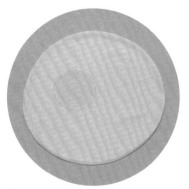

❸ 做一个大小同Ⓐ但不挖孔的圆Ⓑ。Ⓑ将成为穿衣时上部分的圆。将Ⓐ和Ⓑ缝合。

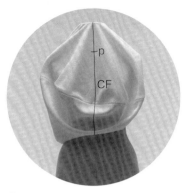

❹ 将服装套穿到人台上,移动调整到想要的造型轮廓。标记前中线和前颈点p。

❺ 后片被人台颈部撑起。

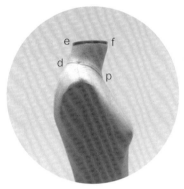

❻ 量取人台颈部长度(d—e—f—p),记为△。

❼ 将衣身后片降低△,并检查造型轮廓。如果不是想要的轮廓,返回步骤❹并重复操作。

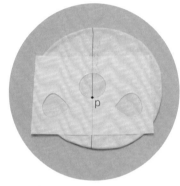

❽ 将Ⓑ面朝上平铺。对齐并固定Ⓑ和步骤❷所得纸样的前中线和点p。将领口和袖窿复制到衣身纸样上。

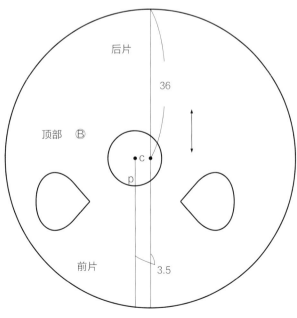

❾ 完成的纸样Ⓑ。

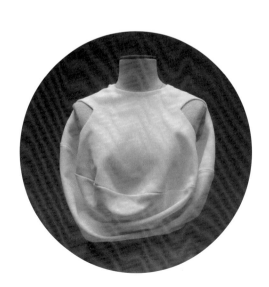

第 13 页：新月

　　月有盈亏，万变不离其形。

　　用两块不同颜色的面料制作月亮，即可在背面形成一个飘渺的新月形。

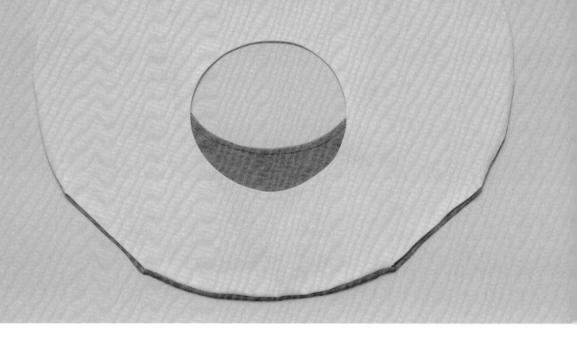

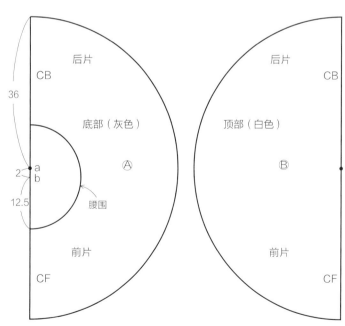

❶ 画一个以 a 为圆心、36cm 为半径的圆。在圆 a 内部画一个以 b 为圆心、12.5 cm 为半径的圆作为腰围。将圆Ⓐ作为底部的圆。做一个大小同Ⓐ但不挖孔的圆Ⓑ。将圆Ⓑ作为顶部的圆。

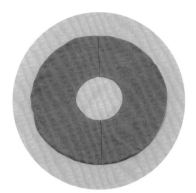

② 将Ⓐ和Ⓑ缝合并套穿到人台上。

③ 移动调整服装，直到得到想要的造型轮廓。标记前中线和前颈点 p。

④ 经过点 p 剪下一个足够让人台颈部通过的大圆，并把服装套穿到人台上。

⑤ 沿着设计线用标记带标记领口位置。

⑥ 在接缝处标记袖窿位置，使之打开形成袖子。

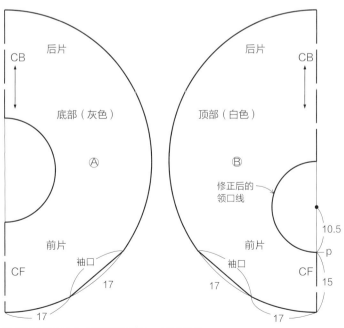

⑦ 将领口和袖口复制到Ⓐ和Ⓑ上，完成纸样。

第 16 页：穿衣魔法

从充满魔力的长方形面料到复杂的露肩造型。

穿着者可发挥奇思妙想，通过扭曲、展开、打结和穿出等多种方式穿着服装。

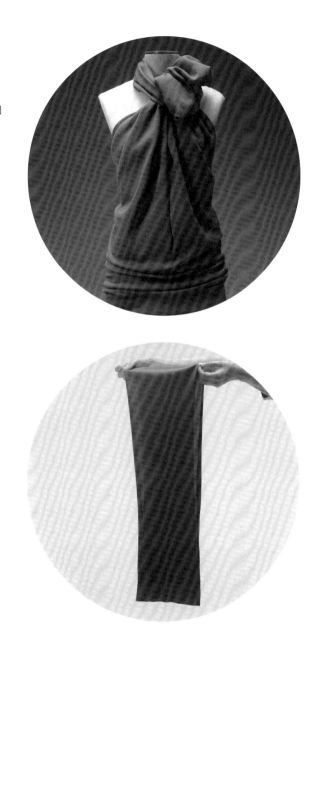

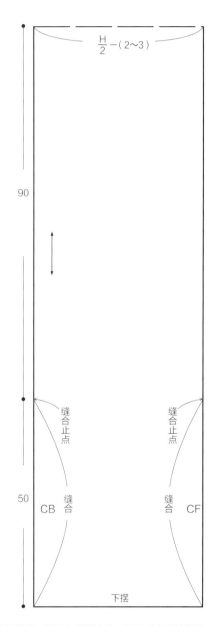

绘制纸样。服装在臀部合体，因此减小总体松量。

第 18 页："打地鼠"造型

　　从各个地方都能露出头的连衣裙，就像"打地鼠"游戏一样，不论打多少次，地鼠总能从地洞钻出。

　　打地鼠的兴奋感可能会消失，但随着头或者手臂从不同的洞里伸出，服装的造型轮廓随之改变的乐趣会持续。

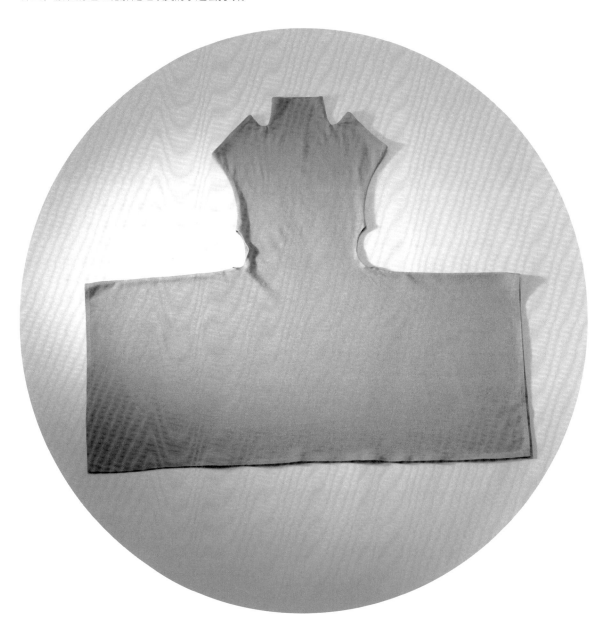

头从正中间的高领洞口露出。手臂
从高领两侧的洞口穿出。
这样制作出一条在袖子下面有褶皱、侧
面有镂空的长裙。

头从正中间的高领洞口露出。手臂
从侧缝处洞口穿出。
高领两侧堆叠在肩部，衬托出方肩轮
廓，在胸部上方形成褶皱效果。

头从左侧高领洞口露出。手臂从侧
缝处洞口穿出。
剩余的高领洞口在肩上堆叠，塑造不对
称的视觉效果。结合胸部的褶皱效果，
给人以时尚前卫的感觉。

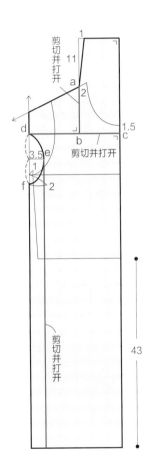

① 从前片原型的腰围开始画。在正中间画出
高领，并在高领两侧增加剪开线。确定裙长。
在侧缝处剪出一个椭圆孔洞作为袖窿。在孔
洞处画剪开线。

❷ 打开剪开线，并画出两侧的高领。给
侧面椭圆以下的裙体部分加量，前片和
后片使用相同的纸样。

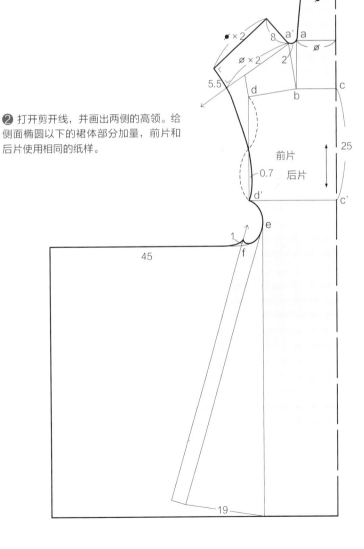

第 20 页：连帽衫

帽子或汗衫，谁才是主角？

戴上与汗衫一体的帽子，有一种如不倒翁般的诙谐感。

放下的帽子可以装进后背袋式领内。

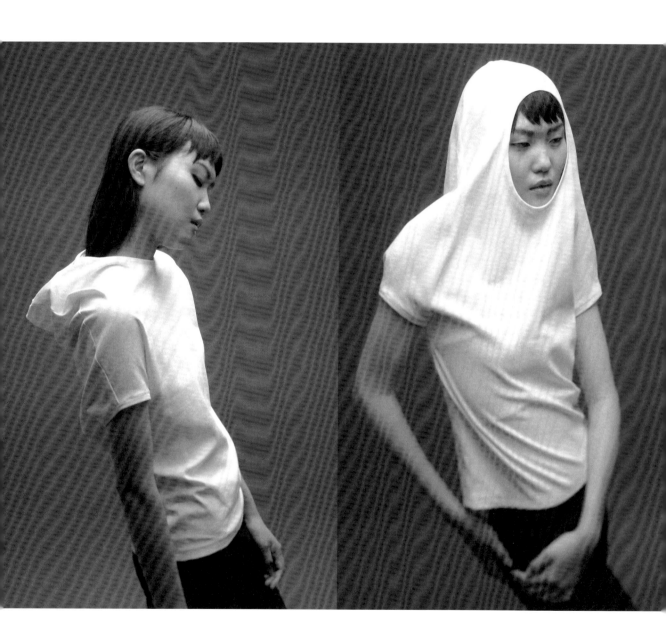

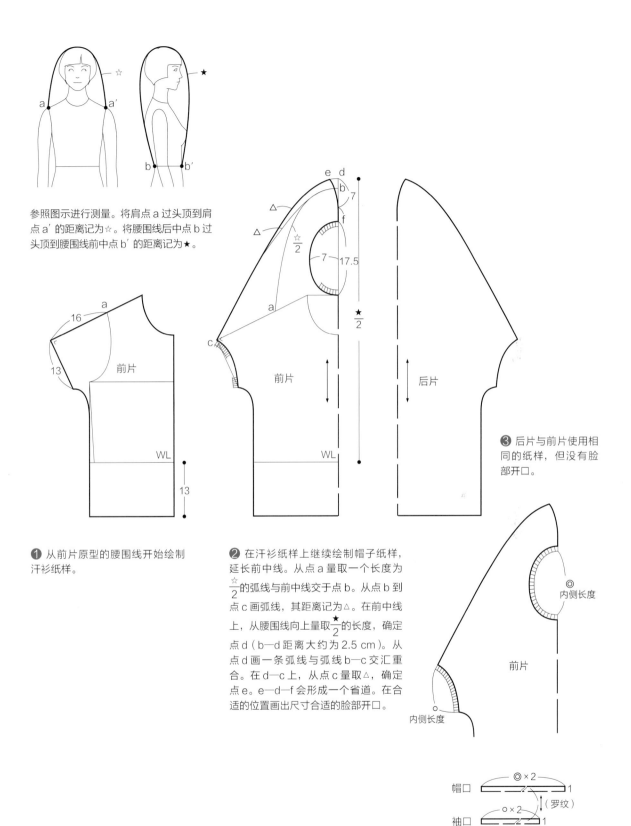

参照图示进行测量。将肩点a过头顶到肩点a′的距离记为☆。将腰围线后中点b过头顶到腰围线前中点b′的距离记为★。

❶ 从前片原型的腰围线开始绘制汗衫纸样。

❷ 在汗衫纸样上继续绘制帽子纸样，延长前中线。从点a量取一个长度为$\frac{☆}{2}$的弧线与前中线交于点b。从点b到点c画弧线，其距离记为△。在前中线上，从腰围线向上量取$\frac{★}{2}$的长度，确定点d（b—d距离大约为2.5 cm）。从点d画一条弧线与弧线b—c交汇重合。在d—c上，从点c量取△，确定点e。e—d—f会形成一个省道。在合适的位置画出尺寸合适的脸部开口。

❸ 后片与前片使用相同的纸样，但没有脸部开口。

❹ 在袖口和帽口增加罗纹，罗纹长度为袖口和帽口的内侧尺寸。

第 22 页：神奇纸样

　　试想一下，平整的面料上长出手指，接着手指开始移动……会是什么样的情景？

　　神奇事件不仅仅出现在书籍和电影中，神奇纸样可由简单的长方形面料实现。

❶ 描出手部轮廓。

❷ 在逼真的手形位置剪开。

❸ 在手指边缘向外 0.3 cm 处圆顺连续地画出轮廓，给手指穿着时留出松量。

❹ 为突出手部设计，在矩形上增加垂直设计线，并将其分为三个部分。画出复制的手部轮廓和缝合止点。

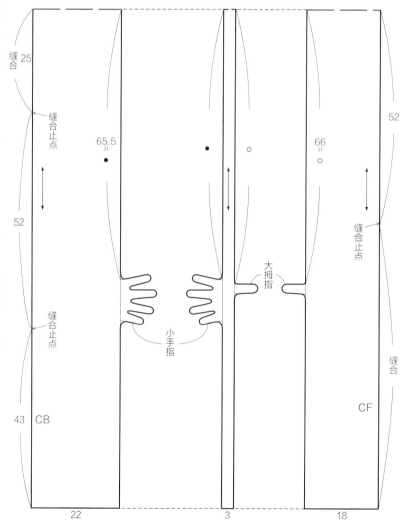

第 24 页：压扁的罐头造型

利用筒状长条上衣制作出像压碎的罐头般的褶皱造型效果。

如果使用无弹面料，需要具备相应的裁剪缝纫技巧才能做出这种效果。如果使用弹性面料，则无需考虑这些。

这里仍然通过在侧面增加三角形来制造面料被压扁时的突出边缘。

压缩得越厉害，边缘越尖锐。

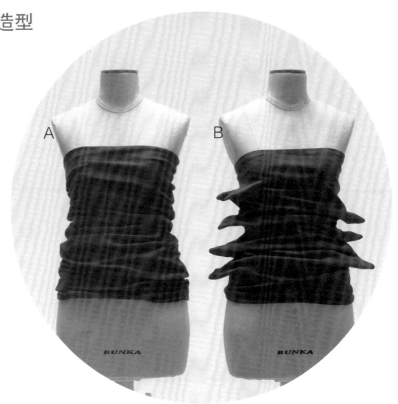

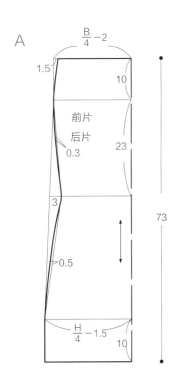

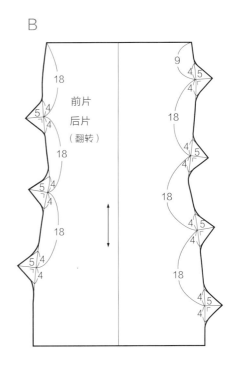

绘制衣身纸样。为确保服装的合体性，胸部和臀部可以留更多的量，前后片使用相同的纸样。

绘制纸样 A 的两侧，在侧缝处增加三角形。将纸样翻转得到后片。

中道友子魔法裁剪

第二部分
弹性面料的表现力

完成一件服装总是令人兴奋的。

灵感从四面八方涌来。

可能是我读过的书，可能是在旅途中让我心生触动的东西，可能是某人对我说的话语，或是孩提时代的回忆……

看到它们交织在面料的经纬中，变成各式各样的服装，是非常令人欣喜的。

弹性面料制作的服装具有柔和的表现力，创作者可以按照自己的内心和灵感进行自由设计。

将自由表达的三维立体造型转换为二维平面纸样，会给我如同成功解密一样的成就感。

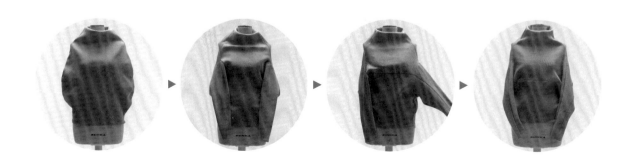

根系造型 详见第 66 页

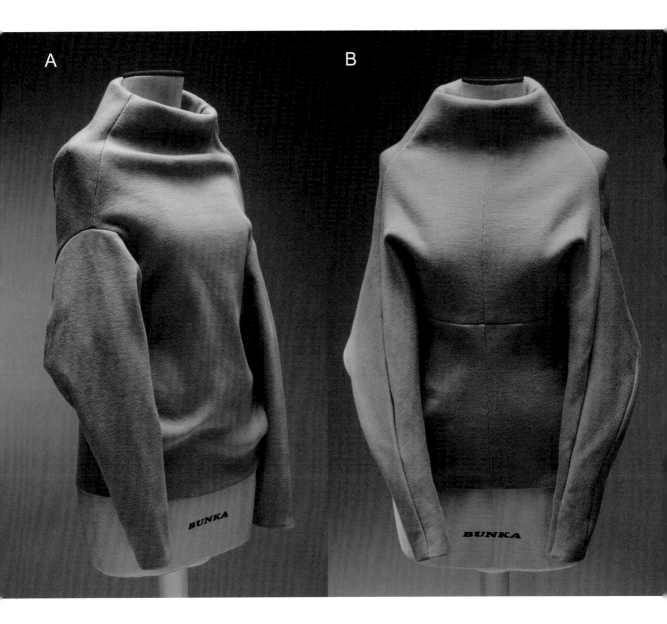

突刺造型 A 详见第 70 页

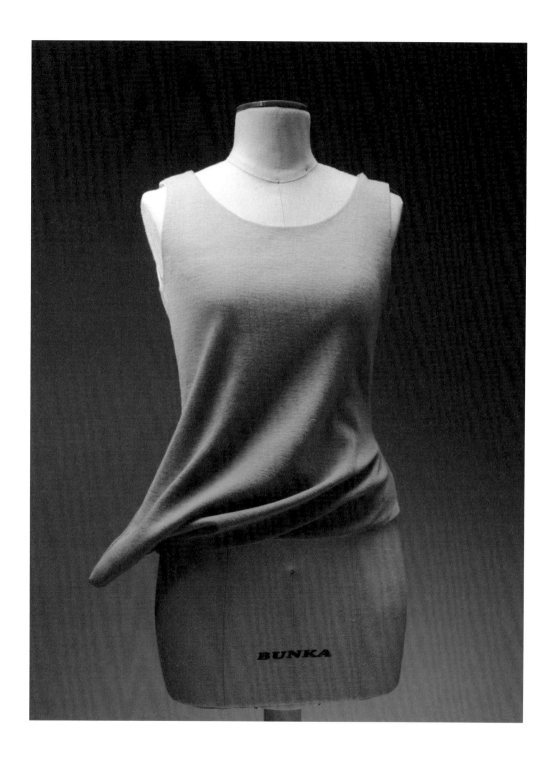

46
中道友子魔法裁剪·弹性面料

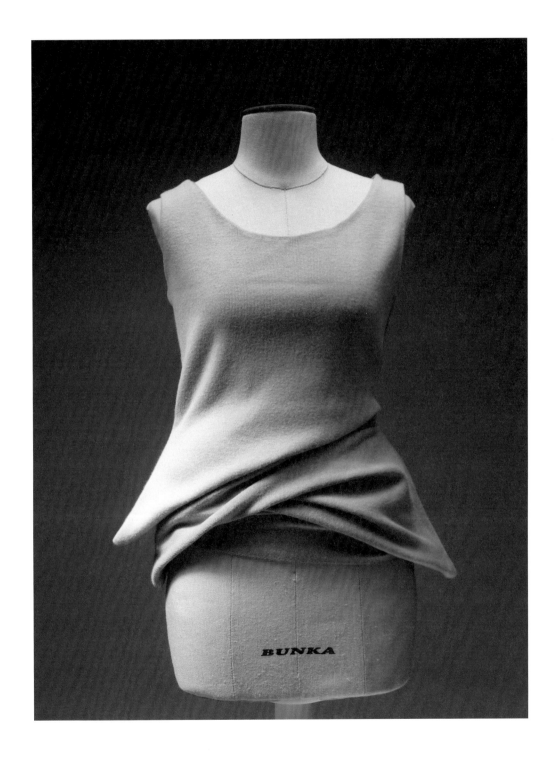

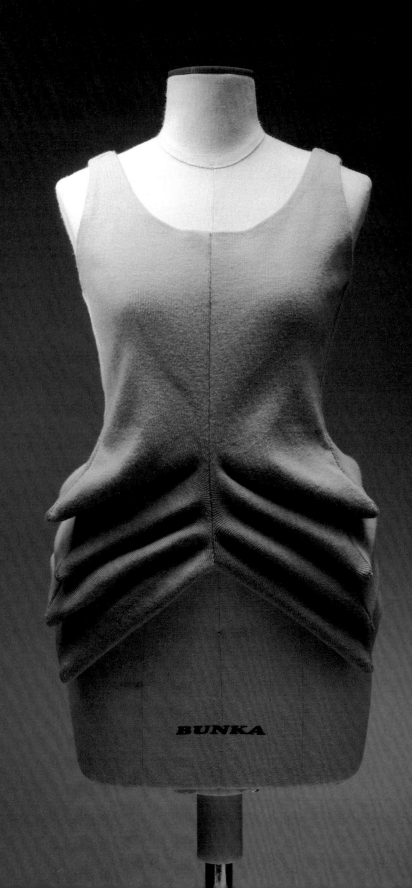

突刺造型 D 详见第 74 页

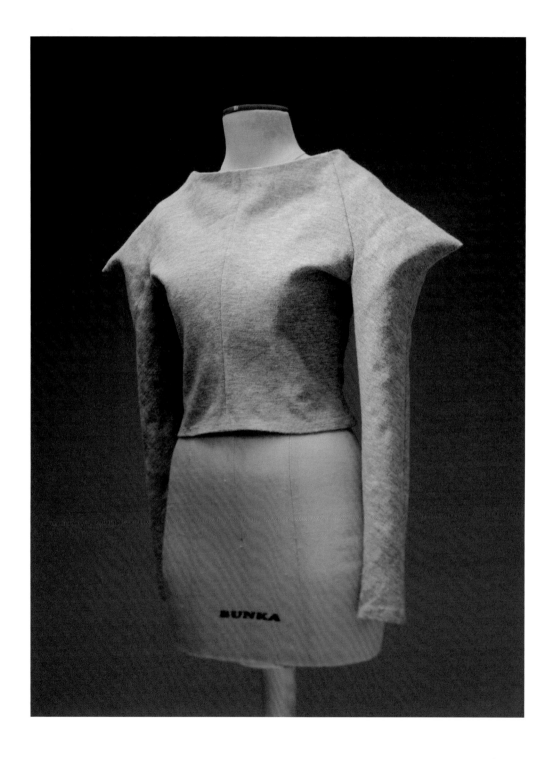

苹果皮造型 A

苹果皮造型 A　详见第 75 页

苹果皮造型 A　详见第 75 页

苹果皮造型 B　　详见第 76 页

突角造型 详见第 78 页

圆褶裥　详见第 80 页

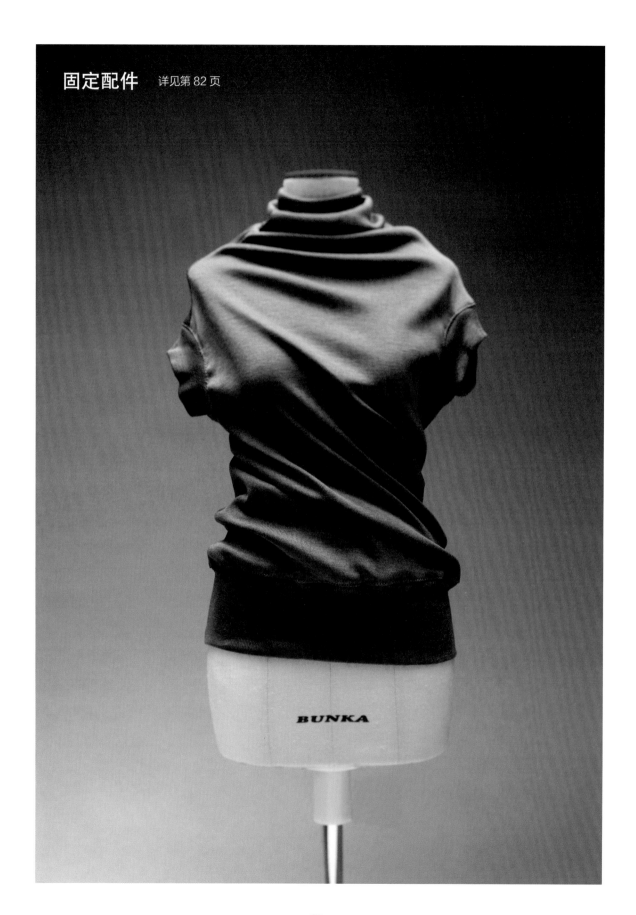

孔洞细节   详见第 84 页（A）和第 86 页（B）

B

A

BUNKA

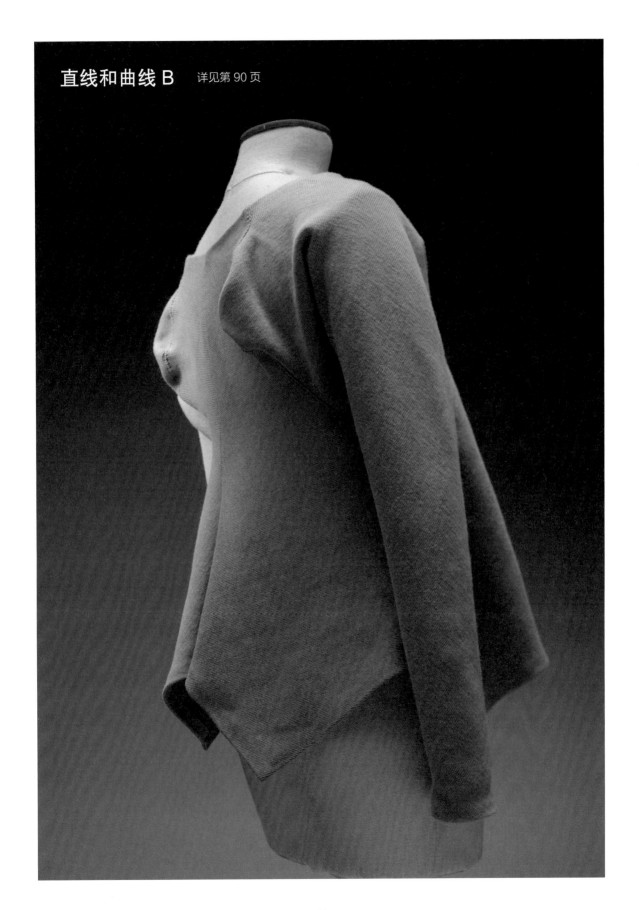

直线和曲线 B　　详见第 90 页

袋鼠造型　详见第 92 页

中道友子魔法裁剪

弹性面料的表现力

第 45 页：根系造型

逐渐拆解复杂的造型会显现出简单的形式，同样，一个简单的造型也可以有各式各样的形式变化。制作服装的过程亦是如此，你的想法会一步步演变成更复杂或更高级的有趣的造型。

这里，从一个桶的形状开始。

根系造型原型

根系造型 A

根系造型 A

根系造型 B

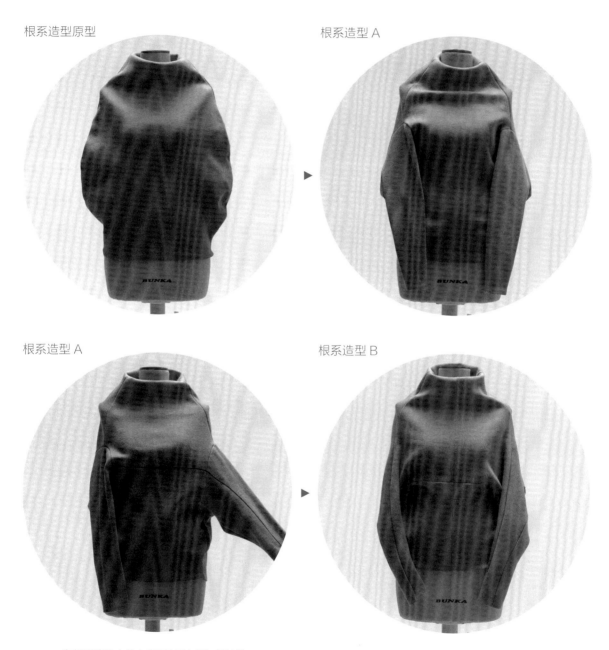

在根系造型 A 的衣身和袖子上增加设计线。

根系造型原型

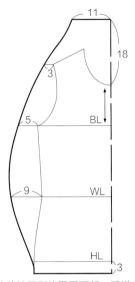

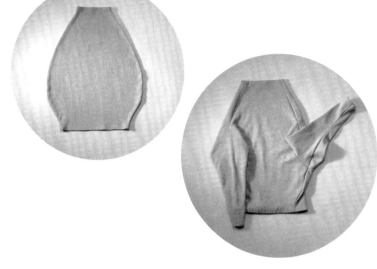

从前片原型的臀围画起。纸样由两片组成，构成桶形的前后片。

根系造型 A

通过水平移动侧缝处的设计线来添加衬衫袖。袖子紧贴前片，在后片留出袋状轮廓的空间。

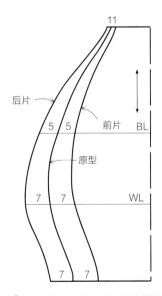

❶ 绘制根系造型原型。移动侧缝的设计线，使前片在内侧，后片在外侧。

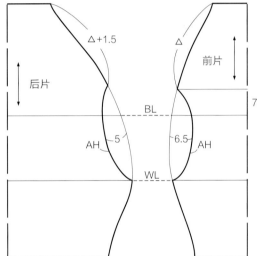

❷ 翻转纸样得到后片。从腰围线开始向上画出袖隆。

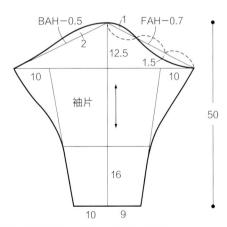

❸ 绘制衬衫袖片纸样。袖山与袖隆尺寸相同。

根系造型 B

在根系造型 A 的衣身纸样上沿着袖子增加设计线。折叠衣身前片，使其向前倾斜。在袖片上增加肘部弯曲来加强龟背造型。连接衣身和袖子。

① 绘制根系造型 A。增加横向设计线，将衣身前片和后片分成Ⓐ、Ⓑ、Ⓒ和Ⓓ。折叠前片纸样减量形成前倾造型。

② 根据设计线将复制的袖隆尺寸分配到袖山上。在袖片上画出纵向设计线并将纸样分成Ⓔ、Ⓕ、Ⓖ和Ⓗ。

③ 在肘围线处做出肘部弯曲。

④ 将衣身和袖子在装袖位对齐，用圆顺连续的线条画出组合后的纸样。

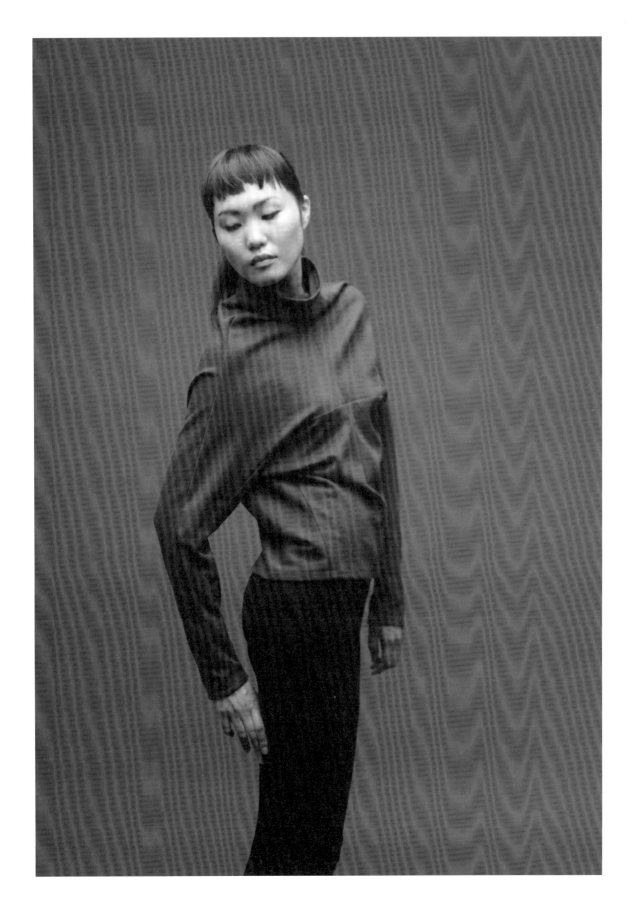

第 46 页：突刺造型 A

通过剪切并打开纸样，加入一个三角形的突刺。

因为弹性面料在人台上是合体的，所以三角形突刺看起来更尖锐。

❶ 从前片原型臀围线开始，绘制衣身纸样。画出剪开线的位置。

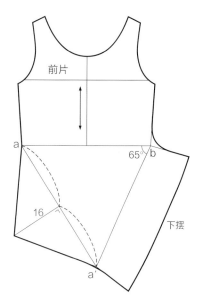

❷ 剪开 a—b，以 b 为基点打开 65°。画一个以 a—a′为底边的等腰三角形。穿着时，此处会形成一个突刺。

❸ 翻转步骤❷中绘制好的前片纸样将后领深抬高 5 cm，得到衣身后片。

第 47 页：突刺造型 B

尝试在左右两侧各做一个突刺。

借助长方形可以一次制作两个突刺。在这里，用长方形和三角形制作三个突刺。

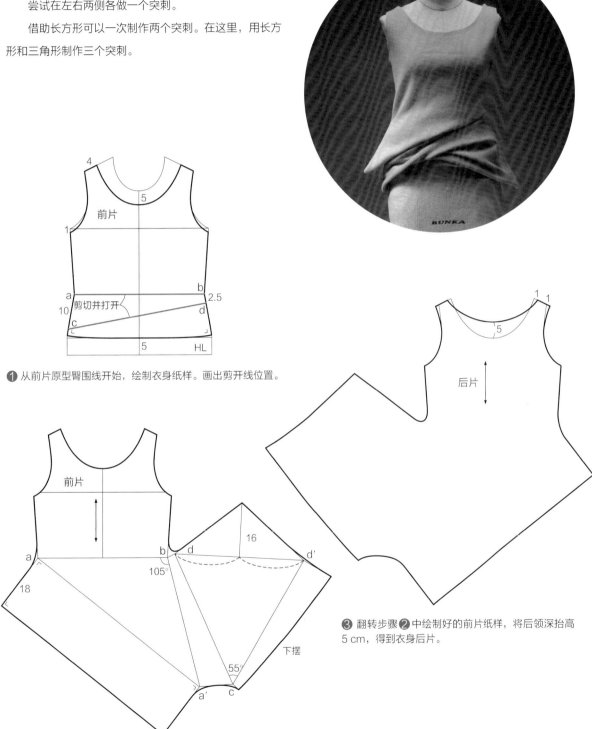

① 从前片原型臀围线开始，绘制衣身纸样。画出剪开线位置。

③ 翻转步骤 **②** 中绘制好的前片纸样，将后领深抬高 5 cm，得到衣身后片。

② 剪开 a—b，以 b 为基点打开 105°。画一个以 a—a′ 为边的长方形。剪开 c—d，以 c 为基点打开 55°。画一个以 d—d′ 为底边的等腰三角形。穿着时，它们将形成突刺。

第 48 页：突刺造型 C

每侧做四个突刺。

突刺在腰部展开，形成引人注目的芭蕾短裙效果。

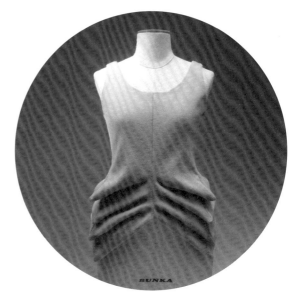

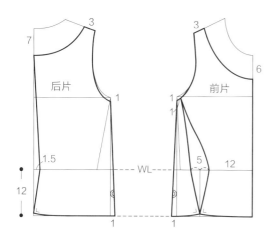

❶ 从后片原型腰围线开始，绘制衣身纸样。

❷ 从前片原型腰围线开始，绘制包含剪开线的衣身纸样。

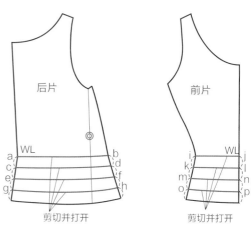

剪切并打开   剪切并打开

❸ 前侧片与衣身后片对合。画出剪开线的位置。

❹ 在衣身前片画出剪开线位置。

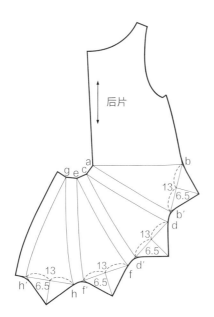

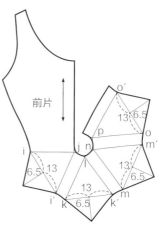

❺ 以 a 为基点，打开宽为 13 cm 的开口。画一个以 b—b′ 为底边的等腰三角形。用相同的方法剪切并打开其他剪开线。

❻ 用相同的方法剪切并打开前片。

第 49 页：突刺造型 D

尝试在袖子上增加突刺造型。

如同勋章一样的突刺从插肩袖凸出，气度不凡。

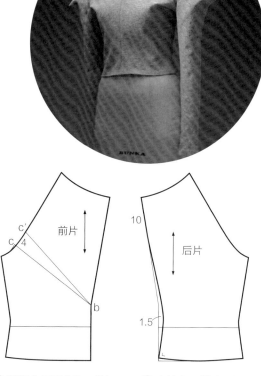

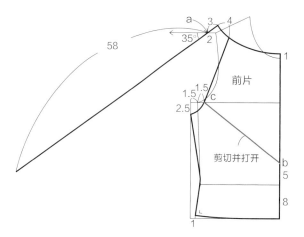

❶ 从前片原型臀围线开始绘制。以 a 为基点，画一条 35°的斜线，确定袖长，并画出插肩袖。在前片画出剪开线。

❷ 剪切并打开前片，增加一些松量。

❸ 翻转步骤 ❷ 中绘制好的前片纸样，得到衣身后片。在后中缩减 1.5 cm 腰围量。

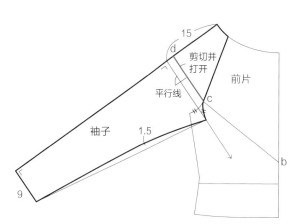

❹ 绘制与步骤 ❶（前片）相连的袖片，画出剪开线 c—d，使其与步骤 ❷（前片）的衣身松量相匹配。

❺ 以 d 为基点剪切并打开纸样，打开后得到点 c′。剪开线 c′—d 处将形成突刺。

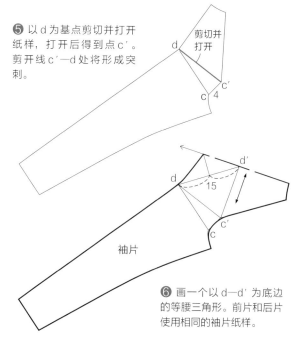

❻ 画一个以 d—d′ 为底边的等腰三角形。前片和后片使用相同的袖片纸样。

第 50 页：苹果皮造型 A

完整削下的苹果皮会卷曲成螺旋形。

从两端拉伸，螺旋的外侧会轻微起浪。

尝试利用苹果皮的造型原理制作袖子。

在纸样中插入多条设计线，像苹果皮一样沿圆周轨迹剪开。

圆越小，得到的波浪越多，手臂穿进袖子时形成的起浪打褶效果也会更突出。

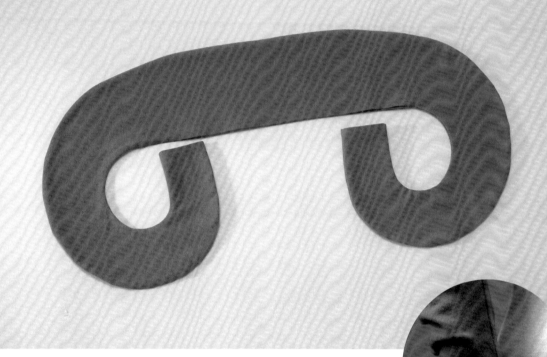

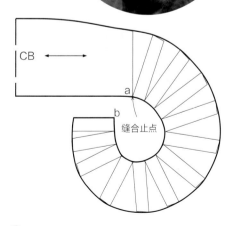

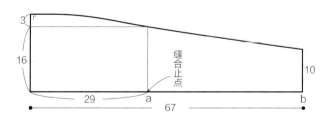

① 绘制短上衣纸样。a—b 是袖子，由于曲线部分会拉伸，不要将此处的缝线画得太长。

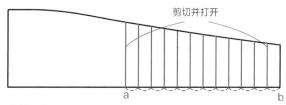

② 画出剪开线。

③ 如图所示剪切并打开纸样。

第 52 页：苹果皮造型 B

将苹果皮的造型方法应用于裤子，可以得到蜗牛壳式的纸样。

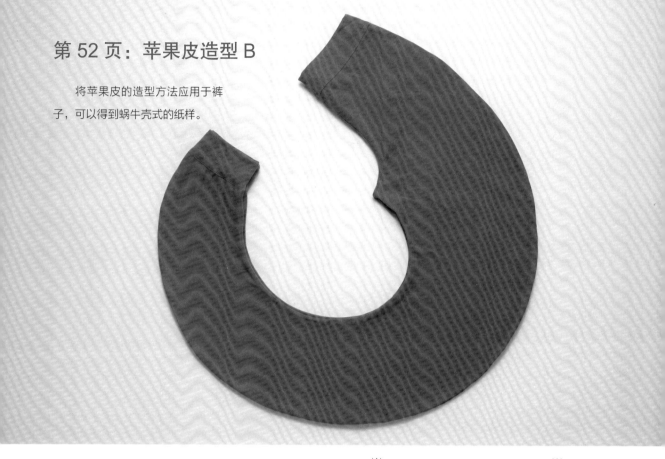

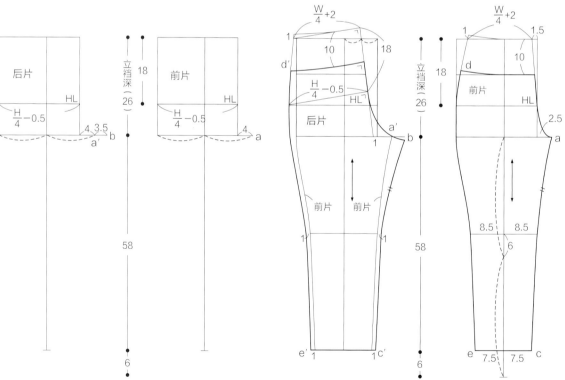

❶ 绘制裤子基础线。由于裤子在剪切打开时会拉伸，故缩短裤长。

❷ 从前片开始绘制纸样。腰围线下降 10 cm，以适应低腰和系腰带的需求。

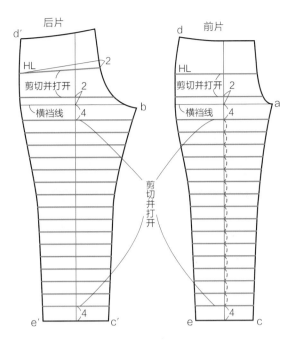

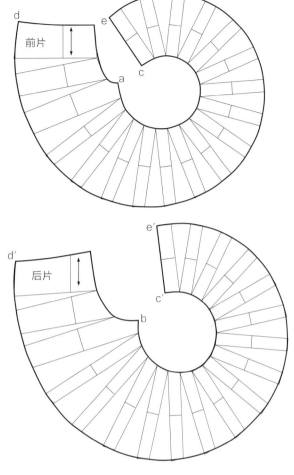

③ 画出剪开线。

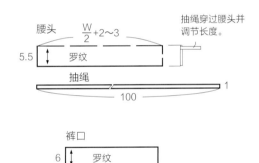

④ 从前片剪开。在后片做相似的环形开口，如图所示。开口 d—e 和 d′—e′ 的尺寸相同。

⑤ 绘制腰头、裤口以及抽绳纸样。将抽绳穿过腰头并调节长度。

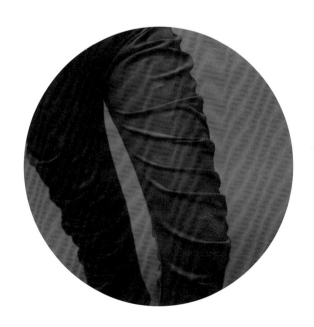

第 54 页：突角造型

将突角拽起再放下，会得到什么样的褶皱效果？
像富士山那样的宽底锥形如何转化为纸样设计？

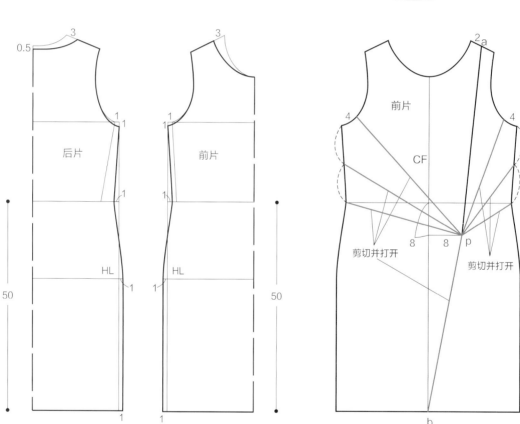

❶ 从前片和后片原型的腰围线开始，绘制前片和后片纸样。

❷ 在衣身前片画出设计线和剪开线，确定突角的位置点 p。以 p 为基点剪开会加强突角效果，因此可以将点 p 放在相对高的位置。a—p 是设计线。

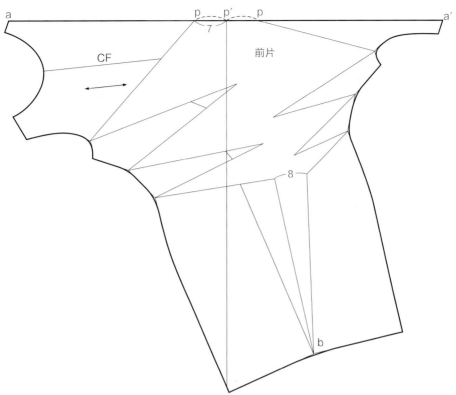

❸ 画一条水平线，将 a 和 a′ 移至两端，确定点 p′。然后，
移动点 b，按图上剪开的引导线剪切并打开纸样。

第 55 页：圆褶裥

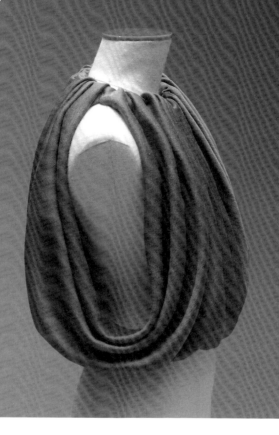

　　从侧面看，袖窿展现的是大圆形褶裥的造型效果，会让人联想到古希腊众神的装束。

　　通过在领口和下摆之间细致地增加纵向剪开线，可以得到很多立体褶裥。

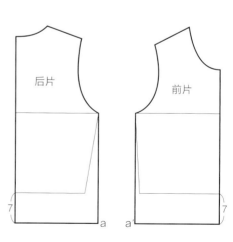

❶ 从原型的腰围开始，绘制前片和后片纸样。

中道友子魔法裁剪 · 弹性面料

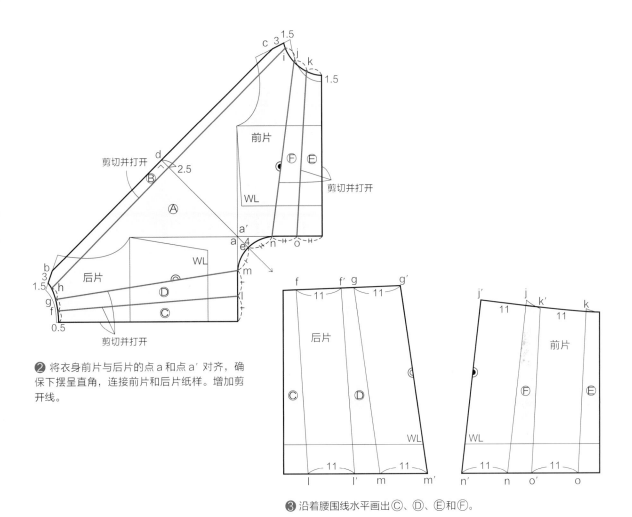

② 将衣身前片与后片的点 a 和点 a′ 对齐，确保下摆呈直角，连接前片和后片纸样。增加剪开线。

③ 沿着腰围线水平画出 ⓒ、ⓓ、ⓔ 和 ⓕ。

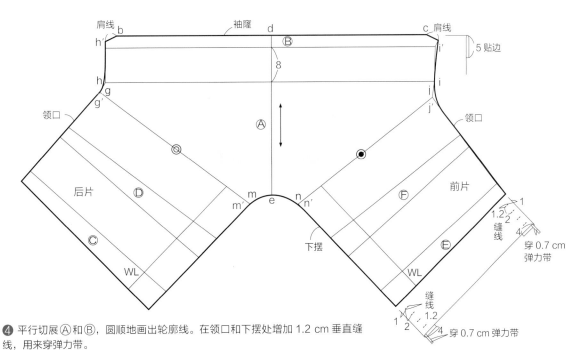

④ 平行切展 Ⓐ 和 Ⓑ，圆顺地画出轮廓线。在领口和下摆处增加 1.2 cm 垂直缝线，用来穿弹力带。

第 56 页：固定配件

　　服装上的扭曲部分会趋向于恢复到它们原本的形状，因此它们需要固定配件。

　　此件上衣有从领子到下摆的右向扭曲，领口、袖窿和下摆位置的罗纹起到稳固褶皱效果的作用。

　　同时，罗纹也充当高领和袖子。

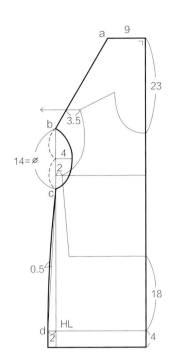

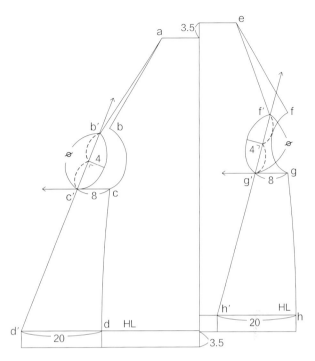

① 从前片原型的腰围画起。给针织衫增加一些额外的量以增加扭曲效果。

② 由于要增加从右向左的扭曲量，在绘制纸样时将左片衣身上抬3.5 cm。绘制右片衣身纸样：距离点 d 向左水平取 20 cm 得到点 d′，距离点 c 向左水平取 8 cm 得到点 c′，用直线连接 d′、c′，并移动袖窿。绘制左片衣身纸样：距离点 h 水平向左取 20 cm 得到点 h′，距离点 g 水平向左取 8 cm 得到点 g′，用直线连接 h′、g′，并移动袖窿。这样，纸样就增加了扭曲量。

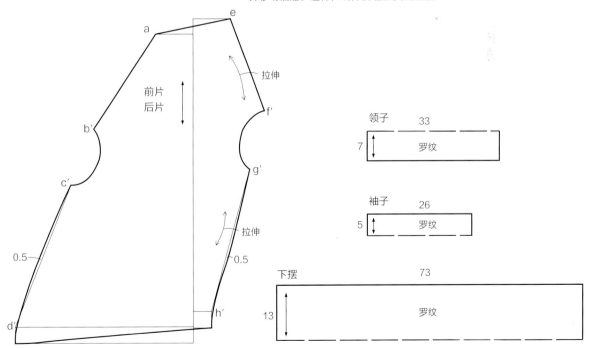

③ 圆顺地画出轮廓线。对齐侧缝和肩线最长部分，然后拉伸并缝合。

④ 分别画出领子、袖子和下摆纸样。

第 58 页：孔洞细节 A

使用弹性面料，即使是狭窄的孔洞也可以扩大，使面料随意穿过。

而后，孔洞将恢复其原始大小，防止面料移动并将其固定。

这个设计巧妙地利用设计线来制作能让面料穿过的孔洞。

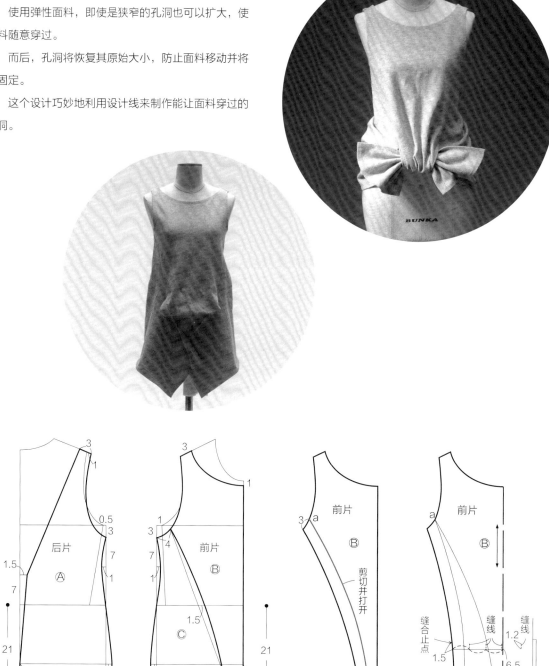

❶ 从前片和后片原型的腰围线开始，绘制衣身前片和后片纸样Ⓐ、Ⓑ和Ⓒ。

❷ 在Ⓑ上画出剪开线。

❸ 以 a 为基点剪切并打开，画出缝合止点。仔细地增加垂直于孔洞的 1.2 cm 缝线，如果用单针线迹将它做成管状，形成的孔洞部分会不立体。

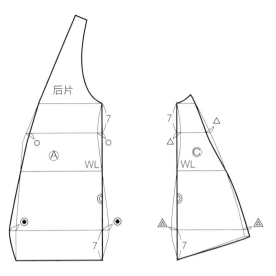

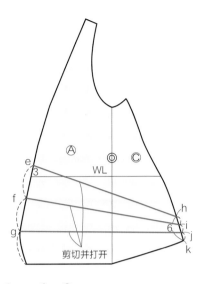

④ 当没有接缝时，褶皱效果会更好，因此可将每条侧缝调整成直线，以便前片和后片侧缝对齐并拼合，从而得到整体纸样。

⑤ 对齐Ⓐ和Ⓒ。画出剪开线。

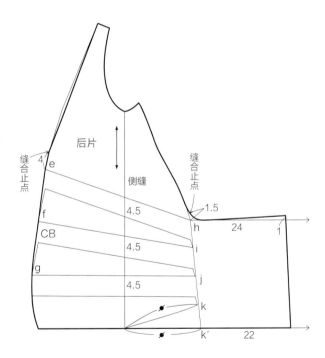

⑥ 剪切并打开剪开线。画出穿过孔洞的面料，圆顺地画出轮廓线。

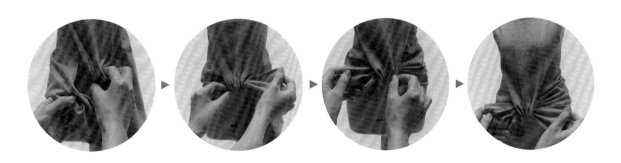

第 58 页：孔洞细节 B

不对称地放置孔洞，可以塑造更强的现代感。

取消侧缝来塑造单块面料包裹住腰的设计。

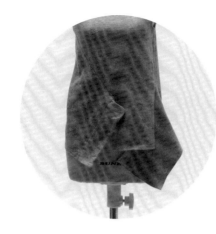

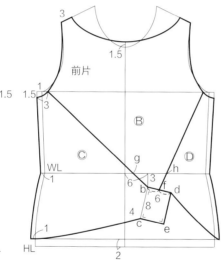

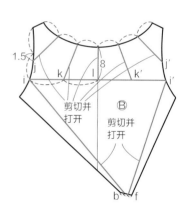

❶ 从原型的臀围线开始绘制纸样前后片。先画后片纸样，然后画出前片的左侧和右侧，分别命名为Ⓐ、Ⓑ、Ⓒ和Ⓓ。画出孔洞纸样。

❷ 在纸样Ⓑ上画出剪开线。

 ▶  ▶  ▶

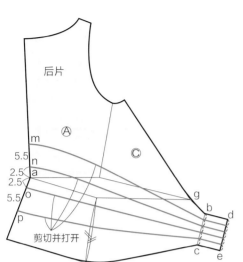

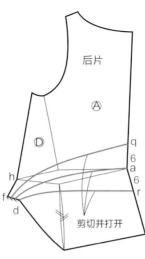

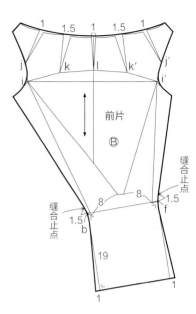

❸ 绘制右片衣身纸样。在腰围线处剪开，对齐侧缝。以点 a 和点 g 对齐衣身纸样的上部分和下部分。画出剪开线。

❹ 翻转Ⓐ，画出左片衣身纸样。在腰围线处剪开，对齐侧缝。以点 a 和点 h 对齐衣身纸样的上部分和下部分。画出剪开线。

❺ 剪切并打开Ⓑ。画出穿过孔洞的面料，圆顺地画出轮廓线。

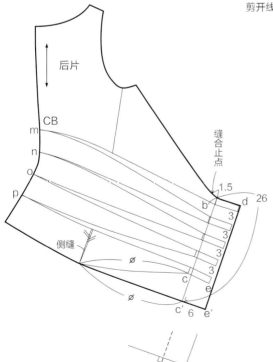

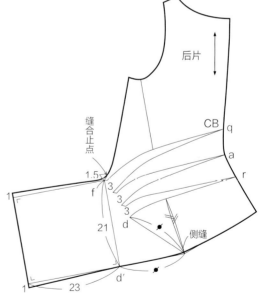

❼ 剪切并打开左片衣身纸样。画出穿过孔洞的面料，圆顺地画出轮廓线。

❻ 剪切并打开右片衣身纸样。画出缝合止点。增加缝份以形成 6 cm 开口的孔洞。

直线和曲线

　　用弹性面料将直线和曲线缝合在一起，就像给面料注入了更多的生命力，服装仿佛随时可能活动。

　　直线和曲线可以形成一些奇妙的立体形状，远远超出我们对它们各部分预想的总和。

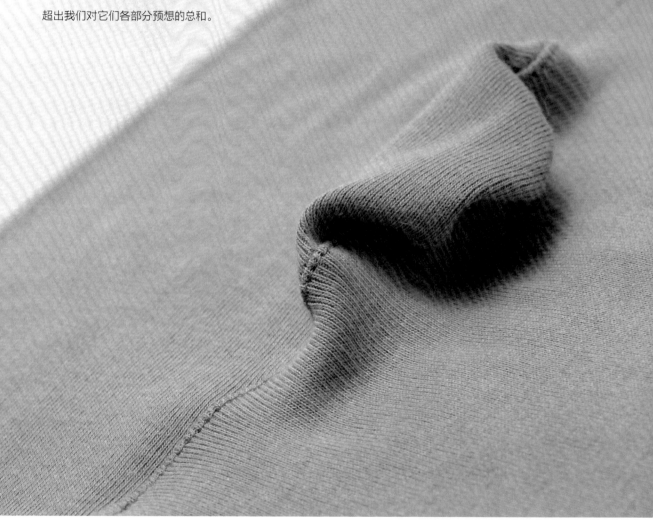

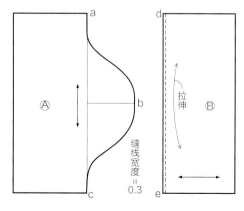

在曲线样片Ⓐ上画出点 a、点 b 和点 c。在直线样片Ⓑ上画出点 d 和点 e。

将 d—e 拉伸到与 a—b—c 等长并缝合。缝合时，将Ⓑ放在下面会使缝制更容易。

缝份折向Ⓑ，在正面将Ⓑ放在上层缝制明线，可以使面料固定在拉伸缝合时的位置。

第 60 页：直线和曲线 A

　　将大量曲线运用在袖子上，塑造驼峰的造型，可以使衣身更加紧凑，从而使袖子更加引人注目。

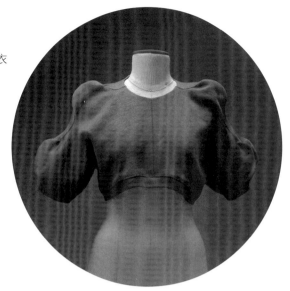

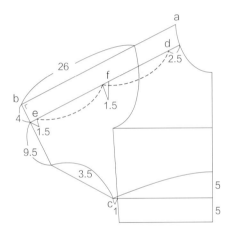

❶ 从前片原型腰围线开始，绘制衣身前片纸样。

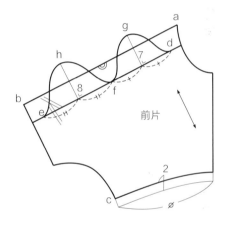

❷ 在肩部设计线上画出直线和曲线，并画出下摆线。

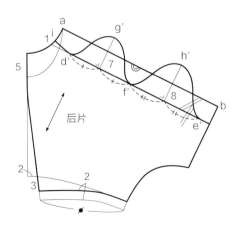

❸ 翻转步骤❶中的纸样，绘制衣身后片纸样。在肩部设计线上画出直线和曲线，并画出下摆线。

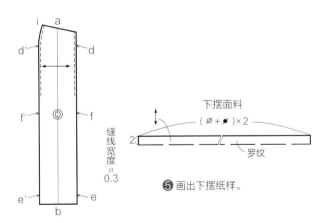

❹ 对齐前片和后片的肩线。

❺ 画出下摆纸样。

在肩胛骨区域增加直线和曲线，可以制作出一件从背面
看起来如同长出天使翅膀的服装。

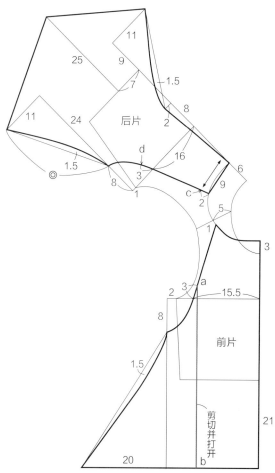

❶ 在肩线处对齐前片和后片原型，画出前后衣身纸样。
在前片衣身纸样上增加剪开线。

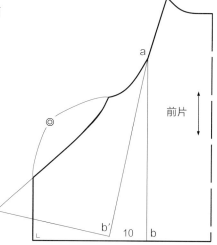

❷ 剪切并打开衣身前片。圆顺地画出轮廓线。

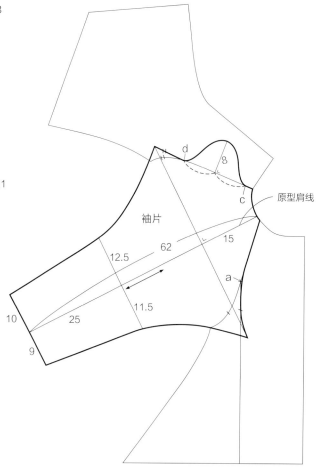

❸ 在步骤❶中的纸样上绘制袖子纸样。在后片插肩线上画曲
线。圆顺地画出轮廓线。

第 62 页：袋鼠造型

有大圆贴袋的上衣就如同袋鼠一样。

抽拉前中的抽绳，使贴袋呈圆形，头从后背的开口里钻出。

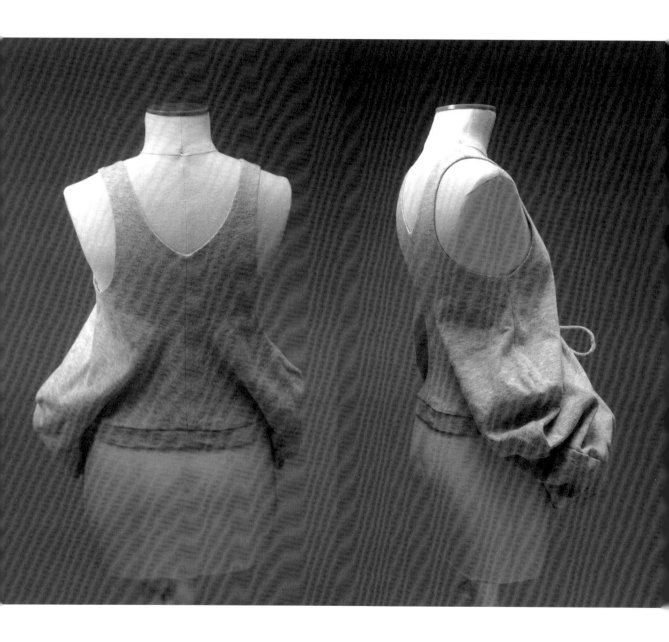

1.5　4

7

后片

7　0.5

Ⓐ

3.5

4.5　a　17

2.5　　　　c

b

开口

HL　7.5

34

❶ 从后片原型的臀围线开始，绘制后片纸样。画出后背开口。

18

d

Ⓐ

a　　　　c

b

7

平行

剪切并打开

❷ 在后中画出剪开线。

后片

d　　Ⓐ

b a

20

c

20　　　　28

下摆

罗纹

2.5

65

❸ 剪切并打开后片剪开线，圆顺地画出轮廓线。绘制下摆纸样，将下摆加到 a—c—b 上。

1.5

6

d

1.2 cm 缝线

抽绳通道

气眼

前片

❹ 翻转后片，绘制前片纸样。画出抽绳通道缝迹线，圆顺地画出轮廓线。

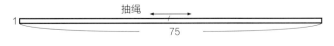

抽绳

1

75

❺ 绘制抽绳纸样。

第 64 页：魔鬼鱼造型

魔鬼鱼在水族馆很受欢迎，它拍打着鳍向你游来，是很值得观看的景象。它矜持的脸上包含着可爱元素，当它转身展示它的下腹部时，我们可以短暂地看见它的面部。

无论如何，展开的裙子和扁平的侧面廓形让我想起了水族馆中的魔鬼鱼。

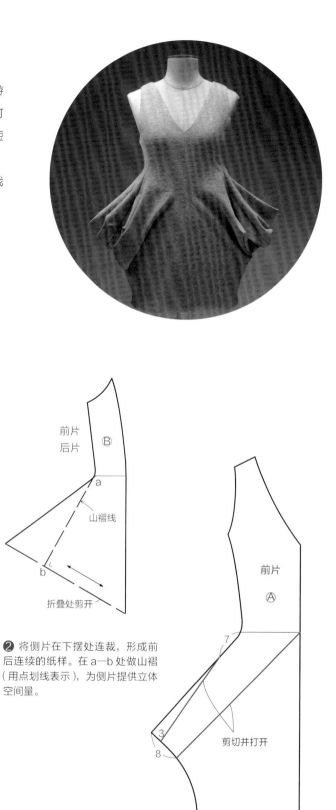

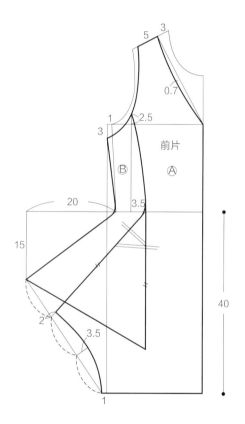

❶ 从前片原型的腰围线开始，绘制前片原型。画出剪开线，与侧片展开的剪开线相交，得到带有褶皱效果的裙子纸样。

❷ 将侧片在下摆处连裁，形成前后连续的纸样。在 a—b 处做山褶（用点划线表示），为侧片提供立体空间量。

❸ 在前中衣身画出剪开线。

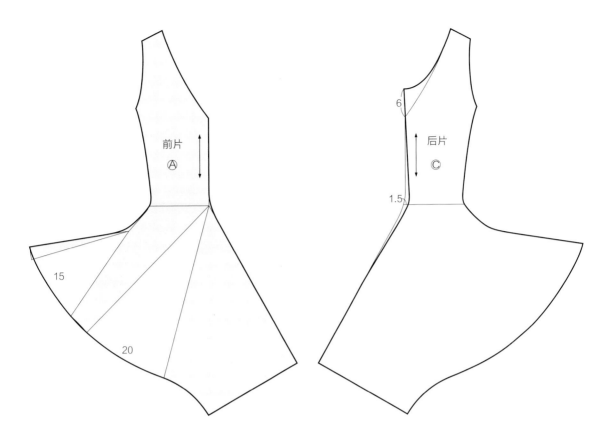

④ 剪切并打开前中片的剪开线。圆顺地画出轮廓线。

⑤ 翻转前中片，绘制衣身后片纸样。腰围减少 1.5 cm。在后中将领深点抬高 6 cm。圆顺地画出轮廓线。

放码

纸样可以利用复印机放大或缩小，也可以通过计算缩放比例来完成。

以第 28 页的双生子 A 纸样为例，放大到原来的 135% 和缩小到原来的 65%。

放大到原来的 135%

缩小到原来的 65%

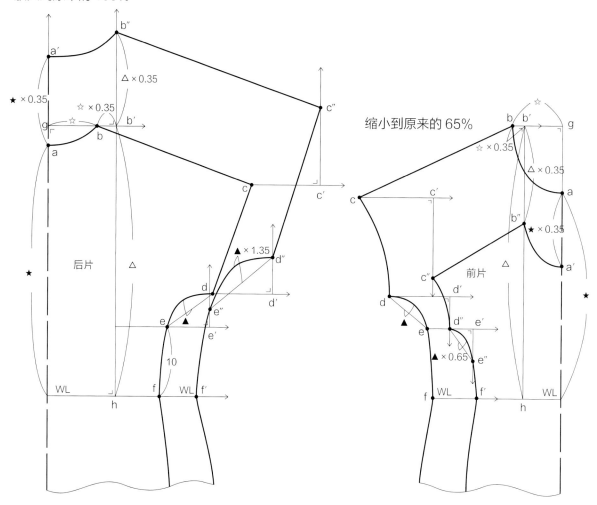

❶ 绘制后片。画出点 a、b、c、d、e 和 f。以后中为基准横向放大到 135%。过点 b 向后中线作垂线交于点 g。连接 g、b。将 g—b 的长度记为☆。从点 b 水平向右量取（☆×0.35）cm，得到点 b′。用同样的方法，从点 c 水平量取点 c 到后中线距离的 35%，得到点 c′。使用相同的方法确定点 d′、e′ 和 f′。在腰围以下区域重复上述操作。以腰围线为基准纵向放大到 135%。在后中线上，将点 a 到腰围线的距离记为★。从点 a 垂直向上量取（★×0.35）cm，得到点 a′。在腰围线上，过点 b′ 向腰围线作垂线交于点 h。连接 b′、h。将 b′—h 的长度记为△。从点 b′ 垂直向上量取（△×0.35）cm，得到点 b″，使用同样的方法确定点 c″、d″ 和 e″。向下放大腰围线以下区域。绘制袖窿曲线，连接 d、e，将曲线最深的位置记为▲。连接 d″、e″，量取长度（▲×1.35）cm，然后绘制弧线。用同样的方法绘制领口，将新确定的点圆顺地连接。

❷ 绘制前片。画出点 a、b、c、d、e 和 f。以前中为基准横向缩小到 65%。过点 b 向前中线作垂线交于点 g。连接 g、b。将 g—b 的长度记为☆。从点 b 水平向右量取（☆×0.35）cm，得到点 b′。用相同的方法确定点 c′、d′、e′ 和 f′。针对腰部以下区域重复上述操作。以腰围为基准纵向缩小到 65%。在前中线上，将点 a 到腰围线的距离记为★。从点 a 垂直向下量取（★×0.35）cm，得到点 a′。在腰围线上，过点 b′ 向腰围线作垂线交于点 h。连接 b′、h。将 b′—h 的长度记为△。从点 b′ 垂直向下量取（△×0.35）cm，得到点 b″，使用相同的方法确定点 c″、d″ 和 e″。向下缩小腰围线以下区域。绘制袖窿曲线，连接 d、e，将曲线最深位置记为▲。连接 d″、e″，量取长度（▲×0.65）cm，然后绘制弧线。用同样的方法绘制领口和袖口，将新确定的点圆顺地连接。

完成的纸样

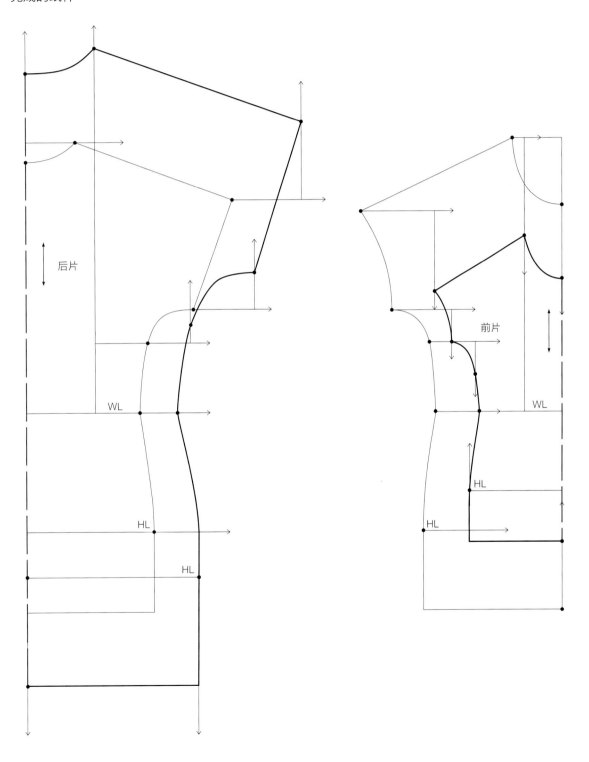

后片

WL

HL

HL

前片

WL

HL

HL

后记

弹性面料是最接近我们皮肤的东西。

他们说，是可可·香奈儿在战时物资匮乏的情况下，第一次将仅在内衣上使用的针织面料运用到外衣上。我相信，正是面料的柔韧性，使之具有适穿性。

随后，玛德琳·维奥内特在没有弹性面料的情况下对柔软的面料进行斜裁，使她的服装作品具有同等的柔软效果。

弹性面料如此变化万千，是跳出固化思维的服装制作快乐之道，如果你对如何制作服装感到困惑，它们很可能会助你一臂之力。

感谢笠井藤野以及其他许多给予我支持的人们。

パターンマジック　伸縮素材

本书由日本文化服装学院授权出版

版权登记号：图字 09-2023-0013 号

PATTERN MAGIC SHINSHUKU SOZAI by Tomoko Nakamichi

Copyright © Tomoko Nakamichi 2010

All rights reserved.

Original Japanese edition published by EDUCATIONAL FOUNDATION BUNKA GAKUEN BUNKA PUBLISHING BUREAU.

This Simplified Chinese language edition is published by arrangement with EDUCATIONAL FOUNDATION BUNKA GAKUEN BUNKA PUBLISHING BUREAU, Tokyo, in care of Tuttle-Mori Agency, Inc., Tokyo through Pace Agency Ltd., Jiang Su Province.

原书装帧：冈山和子

原书摄影：川田正昭

原书模特：关水结花

原书发型与化妆：河村慎也

原书数字跟踪：增井美纪

原书纸样制作：上野和博

原书校对：杉田久子

原书责任编辑：宫崎由纪子（文化出版局）

图书在版编目（CIP）数据

中道友子魔法裁剪·弹性面料 /（日）中道友子著；李健，余佳佳译. — 上海：东华大学出版社，2024.1

ISBN 978-7-5669-2286-1

Ⅰ.①中…　Ⅱ.①中…②李…③余…　Ⅲ.①立体裁剪　Ⅳ.① TS941.631

中国国家版本馆 CIP 数据核字（2023）第 220893 号

责任编辑：谢　未

版式设计：南京文脉图文设计制作有限公司

封面设计：Ivy 哈哈

中道友子魔法裁剪·弹性面料
ZHONGDAOYOUZI MOFA CAIJIAN TANXING MIANLIAO

著　　　者：中道友子

译　　　者：李　健　余佳佳

出　　　版：东华大学出版社（上海市延安西路 1882 号，200051）

本 社 网 址：dhupress.dhu.edu.cn

天猫旗舰店：http://dhdx.tmall.com

营 销 中 心：021-62193056　62373056　62379558

印　　　刷：上海当纳利印刷有限公司

开　　　本：787 mm×1092 mm　1/16

印　　　张：6.25

字　　　数：180 千字

版　　　次：2024 年 1 月第 1 版

印　　　次：2024 年 1 月第 1 次

书　　　号：ISBN 978-7-5669-2286-1

定　　　价：69.00 元